中国航天科工二院二〇八所 组织审定

空天宝贝探索吧

马倩 / 主编

郑 焱 唐 纹 谢露茜 / 著

王柯爽 郭真如 / 绘

5 神奇的超级宝石

电子工业出版社

Publishing House of Electronics Industry

北京·BEIJING

风暴过后，大家小心翼翼地走出驾驶舱。沙漠无边无际，他们迷失了方向，完全不知道自己降落在了哪里。

小朵焦急地说："我们迷路了，这下该怎么办呢？"

"我来试试打电话！"天宝尝试用电话手表给上官兔教授打电话，却一直没有响声，他这才发现，原来电话手表在这里没有信号。

小朵一拍脑袋，说道："我想起来了，我的电话手表支持卫星通话，咱们试一下吧。"

小朵启动手表中的卫星通话功能，点击上官兔教授的电话，手表中传来了一个熟悉声音："欢迎使用宇宙鸽卫星电话，很高兴为您服务。"

天宝惊喜地喊道："是宇宙鸽！"

紧接着，上官兔教授的电话接通了。

小朵说："教授，我们遇到了风暴，在沙漠里迷路了。现在使用卫星电话才跟您联系上。"

上官兔教授说："原来如此，幸亏你有卫星电话，它可以直接与太空中的通信卫星联络，不然可就麻烦喽！现在宇宙鸽正在给咱们传达彼此的消息呢。"

小朵点点头，说："是啊，卫星真是神通广大。教授，光速蜗牛无法接收信号，屏幕中的定位消失了，地图线路也不见了，怎么办呀？"

上官兔教授不紧不慢地说："可能是接收器出现了问题。天宝，小朵，你们不要害怕，我们来调试一下。"

按照上官兔教授的方法，天宝多次尝试，接收器的信号灯终于亮了起来。

小朵高兴地说："恢复正常了！"

上官兔教授非常满意。

此时，天气逐渐晴朗，玄武沙漠变得格外美丽，沙丘延绵不绝，金色的沙子与风共舞。

光速蜗牛在沙漠中驰骋，卷起层层沙浪，留下了一道道美丽的线条。

太阳渐渐下山，随着天色变暗，不远处显现出一丝黄色光芒。

天宝叫道："小朵，快看，那应该就是第三颗陨石！它在发光呢！"

就这样，天宝和小
朵找到了散落在地球的
第三颗陨石。他们开心
地点燃起篝火，在沙漠
中玩耍起来。

夜色已深，星星在天空中闪现。

远处有一个身影，举着火把，朝这个方向走来。

小朵推了推天宝，说道："天宝，快看远处！"

天宝揉了揉眼睛，仔细一看："啊！是我爸爸！！"

天宝飞奔过去，跟爸爸相拥在一起。

天宝说："爸爸，我们找到三颗陨石了。"

天奇教授开心地说："我的宝贝儿子，你们太厉害啦！爸爸这儿也有一颗，这样四颗陨石就集齐了。"

天奇教授说，自己是在茂密
的青龙雨林里，跟随着一群蝴蝶
找到的陨石……

天奇教授讲述了他在青
龙雨林里寻找陨石的经历，
大家都听得入了神。

听完故事，他们并肩坐在沙丘上，欣赏起天边的繁星和沙漠的夜色。

天宝兴奋地向爸爸介绍他在太空中的朋友们："是寻迹、参北斗、宇宙鸽和追风帮助我们找到了陨石。"

天宝、小朵开心地大喊："谢谢你们！"

一旁的蜜枣也叫道："喵呜！"

天奇教授夸赞道："勇敢的宝贝们，你们不仅学到了知识，还交到了新朋友，现在也是爸爸的小帮手呢！"

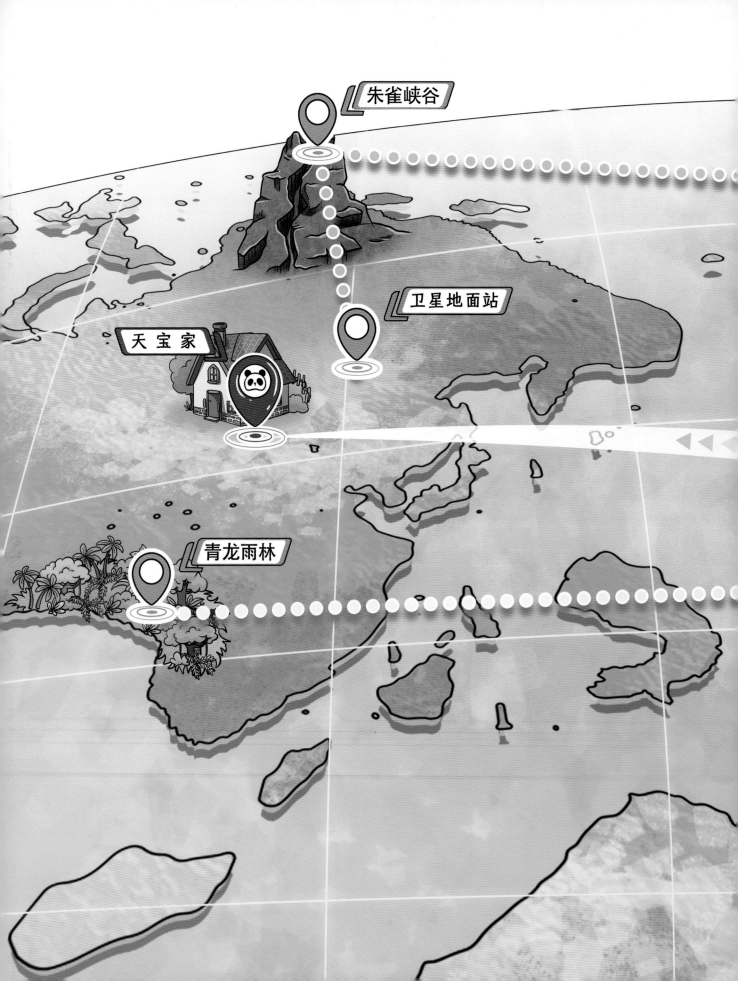

白虎冰山

玄武沙漠

天亮以后，大家带着四颗陨石，踏上了回家的路。

回到家中，在石铁爷爷的魔法下，四颗陨石融合成了一颗超级宝石。

天宝疑惑地问："这块宝石的中间怎么缺少了一部分呢？"

小朵说："这个洞的形状好像许愿蜂头顶的桂花啊！"

这时，在天宝的卧室中沉睡的许愿蜂似乎感知到了什么，渐渐苏醒，朝着宝石飞了过来。只见它头顶上原本了无生气的桂花逐渐恢复生命力，展开金色的花瓣，凝结出一颗桂花形的宝石，正好补全了超级宝石的缺口。

　　在太阳光的照射下，这块完整的超级宝石散发出无比强烈的光芒。

　　天宝和小朵感叹道："哇，太神奇了！"

　　天奇教授说："这块超级宝石有一种强大的力量，它的发现会是一个重大突破。"

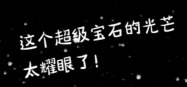

这个超级宝石的光芒
太耀眼了！

让我们来发现更多
太空的秘密吧！

卫星通信

　　人们经常使用的手机，是通过微波来传输信号的。实际上，通过建立一个基站，并在基站覆盖的范围内，手机就能够接收到信号。众所周知，微波具有直线传播特性，而地球是圆形的，微波传输距离大致只有 50 千米，必须用多个微波中继站进行接力传输。如果把微波中继站从地面搬到太空中，利用太空"站得高、看得远"的优势，就可以实现远距离的通信。因此，可以把卫星通信理解为一种特殊的微波中继通信，即利用人造地球卫星作为中继站，转发地面站与地面站之间或地面站与航天器之间的信号，实现两点或多点的通信。卫星通信是航天技术和现代通信技术相结合的重要成果，在广播电视、移动通信、宽带互联网和军事通信领域得到了广泛的应用，是当今必不可少的通信方式之一。

卫星电话

　　卫星电话是一种基于卫星通信技术的通信设备，它利用太空中部署的卫星网络来实现远程通信。与传统的手机网络依赖地面基站不同，卫星电话直接通过卫星与地面站进行通信，从而可以在没有地面通信基础设施或者在通信基础设施受损时提供通信服务。卫星电话通过将信号发送到通信卫星，再由卫星转发到其他地方。这种方式使得卫星电话能够实现全球覆盖。无论位于地球何处，只要能接收到卫星信号，就能进行通信。

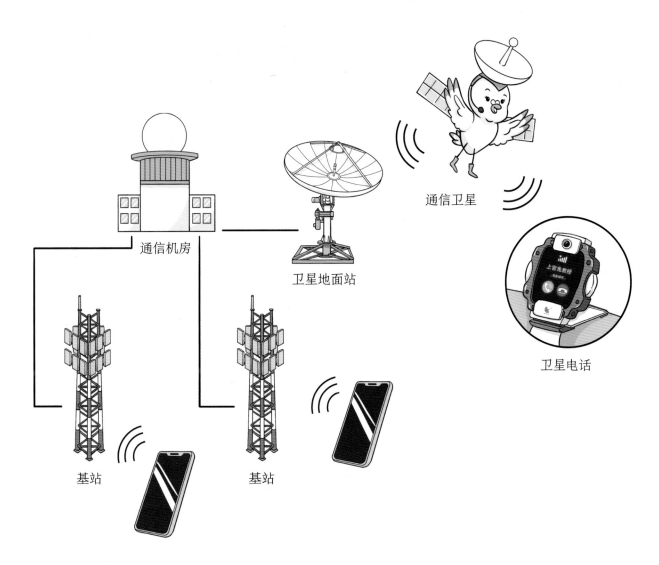

通信卫星

卫星电话

通信机房

卫星地面站

基站

基站

　　小朵的电话手表支持卫星通话功能，不依赖地面基站，可以直接与宇宙鸽通信卫星联系，在偏远的地区也可以打电话啦。

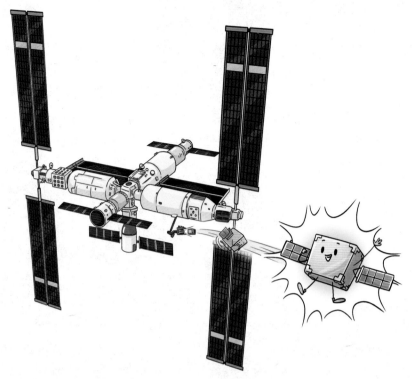

小卫星的"发射器"

梦天实验舱配置有微小卫星在轨释放机构，具备微小飞行器在轨释放的能力。航天员只需在舱内把立方星或微卫星填装到释放机构内，释放机构即可搭乘载荷转移机构将小卫星运送至舱外。出舱后，机械臂抓取释放机构运动到指定方向，像弹弓一样把小卫星弹射出去。这项新技术能满足百公斤级微小飞行器或多个规格立方星的在轨释放需求，让微卫星和立方星低成本进入太空，进一步增强空间站的综合应用效益。

低轨卫星计划

低轨卫星系统是指由多个卫星构成的实时信息处理的大卫星系统，低轨卫星星座可实现全球互联网无缝链接服务。低轨卫星一般距离地球表面 300 千米～ 2000 千米，相较于传统地球同步轨道的高轨卫星，低轨卫星传输延时短且路径损耗小。我国积极实施低轨卫星互联网星座计划，低轨卫星行业将迎来空前的繁荣。

图书在版编目（CIP）数据

空天宝贝探索吧.5,神奇的超级宝石 / 马倩主编；
郑焱,唐纹,谢露茜著；王柯爽,郭真如绘. -- 北京：
电子工业出版社, 2025.1. -- ISBN 978-7-121-49008-8

Ⅰ.V4-49

中国国家版本馆CIP数据核字第20241XP668号

责任编辑：赵　妍
印　　刷：河北迅捷佳彩印刷有限公司
装　　订：河北迅捷佳彩印刷有限公司
出版发行：电子工业出版社
　　　　　北京市海淀区万寿路173信箱　邮编：100036
开　　本：889×1194　1/16　印张：14.25　字数：84.175千字
版　　次：2025年1月第1版
印　　次：2025年1月第1次印刷
定　　价：148.00元（全5册）

凡所购买电子工业出版社图书有缺损问题，请向购买书店调换。若书店售缺，请与本社
发行部联系，联系及邮购电话：（010）88254888，88258888。
质量投诉请发邮件至zlts@phei.com.cn，盗版侵权举报请发邮件至dbqq@phei.com.cn。
本书咨询联系方式：（010）88254161转1852，zhaoy@phei.com.cn。